DES RÉSULTATS

DU TOURNIQUET

A LA BOURSE

SUR LA FORTUNE MOBILIÈRE

DE LA FRANCE

[illegible] SUR LA VRAIE NATURE DU MARCHÉ

Par A. [illegible]

> Jamais, dans un marché, on n'a imposé le passant, le curieux, l'observateur, l'oisif; mais la marchandise mise en vente.

QUATRE-VINGTS CENTIMES.

PARIS
E. DENTU, LIBRAIRE-ÉDITEUR
13, GALERIE D'ORLÉANS, PALAIS-ROYAL
1858

DES RÉSULTATS

DU TOURNIQUET

A LA BOURSE

SUR LA FORTUNE MOBILIÈRE

DE LA FRANCE

VUES NOUVELLES SUR LA VRAIE NATURE DU MARCHÉ

Par A. BELLÉE.

Jamais, dans un marché, on n'a imposé le passant, le curieux, l'observateur, l'oisif; mais la marchandise mise en vente.

QUATRE-VINGTS CENTIMES.

PARIS
E. DENTU, LIBRAIRE-ÉDITEUR
13, GALERIE D'ORLÉANS, PALAIS-ROYAL

1858

TIMBRE IMPERIAL.
cen.
5.
SEINE
C.

PRÉFACE.

M. Raudot, député de l'Yonne à l'Assemblée constituante et à la législative, a fait un livre intitulé : *Décadence de la France.*

Ce livre a eu plusieurs éditions et se vend toujours.

Nous ne savons pas si la France est en décadence. Mais le fait de la fermeture sans protestation d'un marché aussi important que le marché de la Bourse, par un droit d'entrée exorbitant qui équivaut pour presque tout le monde à une exclusion, est un fait qui dénote un grand affaiblissement dans la pensée publique. A la vérité, l'absence d'une suffisante liberté de discussion dans les organes de l'opinion, en est évidemment cause.

Les agents de change, à qui la Ville commença par manifester son projet de barrière et de péage, le repoussèrent, dit-on, en offrant de lui donner par an des sommes qu'ils augmentèrent à plusieurs reprises dans la discussion. Si l'on s'en rappelle, le parquet aurait offert à la Ville une somme plus forte que les avantages qu'elle retire présentement du droit d'entrée avec les charges de garde et de contrôle qui y sont inhérentes.

Mais les agents de change, dans la circonstance, argumentèrent par un pur moyen d'argent ; tandis que c'était, nous le croyons, par des arguments d'idées et de conviction sur la nature de l'homme et de la société, qu'il fallait répondre.

Tout expédient est bon à celui qui, étant gêné, trouve un moyen d'avoir. La Ville avait insuffisance de ressources pour couvrir ses besoins; il lui fallait un moyen d'y parer, et une grille payante à la Bourse se présenta tout naturellement.

D'un autre côté, on était encore alors sous l'impression du sentiment de répulsion qui avait été général, et qui provenait d'un agiotage effréné et d'une spéculation à outrance. La Bourse était la bête noire pour beaucoup d'esprits honnêtes, mais peu réfléchis, qui étaient disposés à appuyer tout ce qui pourrait refréner ces honteuses choses. — On avait aussi vu des *tourniquets-compteurs* à l'Exposition universelle. Ces mécanismes, qui avaient pris naissance en Angleterre, avaient fonctionné à la grande Exposition qui y fut ouverte en 1851. Tout le monde, dans les gens qui avaient quelque aisance ici à Paris, y furent. Les journaux anglais racontaient tous les jours les faits et particularités du *Pa-*

lais de Cristal. — Les récits de nos excursionnistes, de leur côté, sur la merveilleuse manivelle, qui dispensait de toute surveillance et qui ramassait l'argent sans en laisser détourner un sou, étonnaient.— On ne demandait pas mieux que de voir fonctionner cette machine à la Bourse.

La Ville, elle, sous l'action de son besoin de ressources, voyait les entrants et sortants au marché des effets et des valeurs, et, ayant établi des observateurs, elle en avait compté jusqu'à huit mille dans des journées. A huit mille, à six mille, à quatre mille même, et à 1 franc par entrée, cela ferait une somme forte de recettes. La Ville fut portée à imposer ce droit.

Dans les établissements de foires et de marchés, le point important entre la localité qui désire les avoir et l'autorité qui les octroie, *c'est le tarif des places et terrains.* — L'autorité, sur le tarif, *minute* toujours avec la municipalité demandante. Sans cela, l'autorité sent bien que, le plus souvent, ces établissements ne seraient, pour les localités qui les obtiennent, qu'un moyen *de battre monnaie* sur le public des marchands et des producteurs.

Mais, dans ces sortes de choses, les rétributions ne sont à payer que par les individus qui *exposent*, non par les curieux, les observateurs, les promeneurs ni les oisifs.

Le marché de la Bourse est un marché comme un autre, sauf qu'il s'y vend et s'y achète des choses non corporelles, mais intellectuelles, des valeurs sans matière, ou qui, si elles en ont, n'ont qu'un papier comme signe, et qui se porte dans la poche. Ici, pour rester dans l'analogie et les formes voulues, les droits à payer d'après tarif, c'eût été et ce devrait être, si la Ville entend avoir un droit sur les valeurs comme objets, seulement quand elles se *négocient.* Ce serait alors l'agent de change, d'après tarif approuvé par l'autorité, et qui ne pourrait être que très-minime par article : comme 25 centimes par 1,500 fr. de rente, 5 centimes par action ou obligation, etc., qui percevrait ce droit avec son courtage, et l'agent de change vendeur seulement, et qui en ferait compte à la Ville ; mais non la personne qui entre dans la Bourse et qui peut avoir mille raisons autres d'y entrer, d'y venir voir et rester, que celle d'y faire vendre ou acheter, au moins ce jour-là.

Jamais il ne serait venu à la pensée de nos pères avant la révolution, à la pensée de la population de 1810, de 1820, de 1840, d'admettre et de souffrir que l'on vînt fermer le marché de la Bourse au public par l'obligation d'un droit exorbitant, et, par là, d'exclusion d'entrer pour l'immense majorité.

On aurait bientôt dit à la Ville : Si vous voulez prendre un droit de terrage, prenez aux agents de change un droit de location, ou sur les négociations effectives de valeurs un droit sur tarif arrêté et qui ne pourra être que très-minime, l'agent de change, le retenant du client avec son courtage, vous en fera compte.

Par ce moyen, vous, Ville, vous obtiendrez une rétribution pour vous récompenser de vos charges d'entretien de l'édifice et de police du marché, et le marché restera libre dans ses voies d'accession et d'affluence de vendeurs et d'acheteurs, de passants et de visiteurs, de curieux et d'oisifs, qui y viennent et y sont souvent pour des éventualités et des *en cas* d'affaires ; et libres de même pour les sortants par toutes les issues faciles.

Un prix d'entrée comme celui qui existe, ne peut être indifférent que pour un *agio-*

teur gorgé. Car pour l'homme riche, qui connaît le prix de l'argent, qui sait que tout bénéfice, dans ce monde, ne se fait que par beaucoup de peine, ne se gagne qu'à la sueur du front, à la Bourse comme ailleurs, il est bien trop fort, et qu'il est même inadmissible tout à fait ; et que, pour l'homme dans une position commune d'avoir, c'est-à-dire pour l'innombrable masse, il est une exclusion absolue d'entrer à la Bourse.

Aussi voit-on que le poids de ce droit se fait de plus en plus sentir sur les facultés communes et tout le monde, et qu'il restreint chaque jour le nombre du public qui entre.

Alors, dans cette situation, il se fait un triage. Ceux qui ont en eux-mêmes une forte propension pour la vie de jeu, pour des gains aléatoires, pour une vie de spéculation exclusive, ceux-là vont tous à la

Bourse; et, s'y rencontrant alors en plus grand nombre qu'autrefois, eu égard au public autre très-restreint qui s'y trouve maintenant, ils s'y emparent tout naturellement de l'action et des avantages du marché.

Avant la grille, ce public particulier des valeurs et du courtage y venait de même; mais il s'y trouvait éparpillé et dissous dans ses sentiments exclusifs par les grands courants affluents, et les cours et le courtage lui étaient disputés, par la concurrence, sur le marché. Aujourd'hui cet élément social est bientôt le seul, et il peut imposer ses vues et sa manière de sentir sur les prix des valeurs, et cela peut le rendre maître du marché; et il le deviendra, certainement, d'une manière absolue, dès l'an prochain, si la mesure du *tourniquet* n'est pas rapportée.

Fermer le marché de la Bourse par un

droit d'entrée exorbitant, et puis croire que ce qui s'y fera par un petit public de monde toujours le même, sans renouvellement, reflètera la pensée publique sur le capital mobilier, sur le crédit, sur la valeur du travail et de l'argent, enfin sur les cours vrais des valeurs, est la plus grande erreur qui se puisse commettre !

Un marché qui n'est pas ouvert au vent du public et de la pensée publique, n'est pas un marché. On ne sait ce que c'est. Ce serait bien plutôt une espèce de salle ou de place de *licitation* d'objets ou d'intérêts, et où ne seraient admis que les intéressés porteurs. Ce n'est pas, en fait de valeurs et de denrées, le vendeur et l'acheteur qui font les prix, mais la pensée du public assistant et extérieur qui, causant et parlant sur le théâtre des affaires, émet ses jugements, qui influent sur ceux des porteurs et amateurs, et qui modifient les appréciations que ceux-ci feraient s'ils étaient seuls.

Dire le contraire ou agir comme si on le disait, c'est méconnaître qu'il y a pensée et communication de sentiments là où il y a nation et ville, là où il y a agglomération.

Si la salle du marché est étroite dans les jours ou circonstances d'affluence, c'est de lui livrer et annexer les contre-basses pièces du côté du Midi, qui sont assez mal à propos livrées aux syndicats des courtiers de marchandises, dont la Bourse est aujourd'hui ailleurs. Alors, ces vides, aujourd'hui séparés de la salle, avec deux entrées de ce côté du Midi, donneraient tout ce qu'il faudrait, comme espace, au marché des effets.

Nous finissons là cette préface. Voir les chapitres pour les questions, les considérations et la conclusion.

DES RÉSULTATS

DU TOURNIQUET

A LA BOURSE

I.

Soixante offices d'agents de change et des courtiers en nombre ont été institués près la Bourse de Paris pour la négociation des effets publics et des valeurs, et pour arrêter le cours des marchandises.

A la réserve de la police du marché, il semble que pour tout ce qui le concerne, comme la disposition de la salle, les aménagements et issues pour le public, les endroits d'entrées et de sorties, que tout cela appartient aux agents dont on vient de parler par leurs syndicats, et que, sous prétexte, de la part de la Ville, d'un droit de *terrage*, la municipalité ne peut pas prendre des mesures qui altéreraient et dénatureraient le marché.

C'est une grande question pour les esprits éclairés que de savoir si à la Bourse la Ville peut prendre un droit d'entrée. Le motif de doute vient de ce que le terrage dans les marchés et tout marché, se prend sur la marchandise, sur la substance étalée et mise en vente, et que, qui dit substance et marchandise, dit corps, objets, susceptibles d'occuper une place et présentant un volume.

Or, à la Bourse, il n'y a ni objets ni marchandises déposés, étalés. Les choses qui s'y vendent et qui s'y achètent, sont des choses sans corps, des êtres de raison, des choses purement intellectuelles, et seulement qui sont portées par des individus qui en sont propriétaires ou gérants. Mais l'homme n'étant pas une marchandise, on ne peut pas encore le soumettre au terrage en tant que corps présent et spectateur, parce qu'on ne sait pas même s'il porte des valeurs, qu'il n'en porte peut-être pas, ou du moins qui soient à vendre de fait dans ce moment ou ce marché-là.

Une réglementation municipale du marché de la Bourse, qui tendrait à le dénaturer, à l'affaiblir, ne peut pas être appuyée par l'autorité supérieure ou elle irait contre son but, qui est de régler les choses d'intérêt public, mais de les laisser vivre dans leurs éléments. Dénaturer et énerver le marché de la Bourse par le paiement d'une contribution à l'entrée, et par son mode de perception et d'exécution, qui empêchent presque tous les porteurs de valeurs, les capitalistes et les gens de fortune et d'instruction d'aller au marché, est une mesure qui doit être révisée et modifiée comme on va en montrer la nécessité dans le cours de ce mémoire,—une mesure qui, dans sa forme présente, ne pouvait être prise sans l'assentiment des compagnies d'agents pour la négociation des effets publics et des valeurs, et le règlement des marchandises, à la Bourse de Paris, et *sans une grande enquête de commodo et d'incommodo* sur la pensée de la population compétente, c'est-à-dire de la capitale, et encore avec une note instructive en tête du registre ouvert pour recevoir cette enquête par déclarations de *oui* et de *non*, sur la nature des choses sur lesquelles il s'agit de porter un jugement. Car, si par la grande gravité de la mesure, l'autorité qui ne peut, dans tous les cas de droit acquis, s'emparer d'une échoppe d'un mètre de surface, sans une indemnité préalable, une dénaturation du marché de la Bourse, propriété, avec la Bourse des marchandises, des titulaires de rentes, des banquiers, des négociants, des offices d'agents de change et de courtiers, de manière à faire grandement perdre les propriétaires de ces valeurs et à ruiner presque le revenu de tous ces offices, ne pouvait pas, ce semble, être prise sans ces préalables et sans leur assentiment; et, en dernier résultat, sans une indemnité préalable.

On disait que le Gouvernement, depuis quelque temps, menaçait les titulaires d'offices d'agent de change de la création de nouvelles charges venant en concurrence avec les leurs, sur le motif que de nouvelles valeurs ayant été portées au marché, le nombre des transactions qui s'y faisaient s'est très-agrandi.

Mais on ne voit pas comment le fait de valeurs nouvelles à régler à la Bourse, pourrait être contre les agents et courtiers un motif de crainte, qui leur ferait accepter tout ce qu'il plairait au conseil municipal de faire du marché de la Bourse, sous prétexte que l'édifice et son terrain appartiendraient à la Ville, ce qui n'est pas d'une manière absolue, mais d'une manière relative pour qu'elle en ait la charge d'entretien et de police. (La Bourse a été bâtie en grande partie par un droit payé par le commerce.)

Car des arguments de même nature pourraient être adressés à toutes les corporations d'officiers ministériels sur toute la surface du territoire, par l'immense agrandissement partout de la matière dont ces officiers ont à traiter.

Il y a aujourd'hui cent vingt-un notaires dans le département de la Seine, où la matière des transactions sur immeubles s'est augmentée par dizaines et vingtaines, non pas de millions, mais de milliards ; et le nombre des habitants, dans la proportion de dizaines de cent mille, aujourd'hui qu'il y en a plus de un million sept cent cinquante mille, de moins de six cent mille qu'il y avait sur le même territoire sous Louis XIV, où le nombre des notaires était pourtant le même qu'aujourd'hui.

La valeur des objets mobiliers susceptibles de prisée, et que l'autorité avait estimée comporter soixante offices de commissaires-priseurs, a plus que quintuplé, et pourtant l'autorité ne paraît pas menacer ces titulaires de la création de nouvelles charges, ni entraver les abords des divers locaux de criées et de vente des objets mobiliers.

Des maisons à liciter et à exproprier dans Paris, leur valeur s'est élevée par milliards de ce qu'elle était il y a cinquante-huit ans, lors de la création des cent cinquante offices d'avoué en première instance, et les procédures multipliées en raison du million plus que demi d'habitants que nous venons d'indiquer, et on n'entend pas parler que le Gouvernement veuille augmenter ces charges.

Le même argument se tire pour les soixante offices d'avoué en appel, pour les greffiers et greffes à Paris.

Il semble donc qu'il ne doit pas y avoir eu raison pour les rentiers, les porteurs d'actions, les négociants et les agents de change et courtiers de crainte à concevoir (les rentiers et autres sont neutres sur ce point), de la création de nouveaux offices, choses qui sont suggérées à l'autorité par un esprit qui n'est pas éclairé. Car le Gouvernement agirait sur cela, sur le fait de ces intérêts, à ses risques et périls qui sont, qu'il ne pourrait innover sans ouvrir la porte par la force des conséquences logiques, contre toutes les corporations d'officiers ministériels, et que cela pourrait avoir des conséquences civiles et économiques de plus d'un genre, et peut-être contre l'ordre établi.

On ne poussera pas plus loin ici sur ce

point. On devait d'abord commencer par présenter ces considérations préliminaires et que l'on pourrait dire préjudicielles, avant de raisonner sur le fond de la question qui est à traiter dans ce mémoire, et qui est celle du paiement *à la grille* du droit d'un franc pour entrer dans la Bourse, et du grand changement que la perception de ce droit a apporté à l'aménagement et à la fréquentation du marché.

Ce droit et ses accessoires de mesures produisent un effet si grand, qu'ils ont tué toute vie sur les valeurs et qu'ils ont arrêté toute spéculation, jusque chez le porteur même sûr et au moyen de ses propres valeurs, à laquelle il se livrait à l'occasion auparavant (comme le propriétaire de terres et de créances le fait quelquefois de ces objets quand il y trouve son avantage).

Mais c'est tant mieux, peuvent dire certains esprits, car la spéculation et le jeu sont mauvais.

Ce n'est pas d'abord un jeu, il y a à répondre, parce que l'expérience, le jugement et l'habileté y sont pour presque tout, et que l'expérience et le savoir-faire dans l'industrie sont la mère de l'acquisition et de la formation des richesses.

Dans toutes les professions de l'ordre social on spécule.

Le négociant qui médite sur des opérations, qui calcule les temps et les coûts de revient en raison des lieux et des prix;

L'industriel qui fabrique, qui traduit des idées en formes et en objets, en ayant égard aux prix des matières premières, à la main-d'œuvre, aux débouchés;

Lé marchand qui réfléchit sur le quartier et l'exposition, sur l'abondance de consommateurs aisés et riches, auprès des endroits pauvres, mal disposés, et aux consommateurs sans fortune;

L'agriculteur, le propriétaire, le fermier, qui choisissent entre des ordres d'assolements, qui profitent des prix présents pour écouler du meuble qui se vendrait moins bien plus tard, qui attendent à vendre ou bien qui vendent immédiatement leur grain en bloc, sur échantillons, à un seul marché, ou bien qui l'envoient par marchés et successivement;

Le jeune avocat qui choisit son siége avant de se présenter pour se faire porter à un tableau;

Le médecin qui étudie les localités et les habitants avant de se fixer;

Le jeune clerc de notaire qui sort de faire

son stage, et qui vient d'obtenir le certificat voulu de la Chambre des notaires d'une localité qu'il a choisie :

Tous ces hommes spéculent et ont spéculé chacun dans leur genre et chacun selon la nature de la chose sur laquelle il se propose d'exercer son intelligence et sa raison.

Le sol, surface bâtie et non bâtie de la France, est le champ, la base, le théâtre et l'objet d'innombrables et variées spéculations! or, ce sol vaut peut-être 70 à 80 milliards, et au marché de la Bourse où il y a pour plus de 30 milliards, en capital, de valeurs appartenant à des millions d'individus, et on voudrait qu'il n'y eût pas de spéculations à ce marché! sur ces valeurs! c'est-à-dire qu'elles restassent immobiles et mortes dans leurs mains! Lorsque l'on voit du sol et sur le sol tout vivant et marcher! hausser et baisser, et hausser et baisser par le fait des hommes pris en masses, c'est-à-dire par Dieu!

C'est là l'erreur complexe d'un certain nombre de personnes, mais que S. M. l'Empereur se gardera bien de suivre dès qu'il sera éclairé sur ce point.

Des écrivains superficiels, des producteurs de poésies légères et aux simples cadences de mots, surtout de la province, ont tonné et tonnent encore sur commandes contre le jeu de Bourse, c'est-à-dire la spéculation, c'est-à-dire contre la vie des valeurs.

Sans doute que nous avons traversé une période où l'esprit de spéculation avait dégénéré en pur jeu, et s'était débordé. Mais cela avait tenu principalement à une chose, à la non-concession, l'obstination pendant plus de dix ans de l'esprit parlementaire et de coterie à ne vouloir pas concéder nos lignes nécessaires de chemins de fer, et la concession et l'exécution pourtant de quelques bouts qui avaient déjà montré avant 1852, la grande importance et le fructueux de ces opérations pour les capitaux qui s'y placeraient, lorsque l'Empereur, à l'avénement de son pouvoir, dut avec raison en finir de cette grande perfection de nos voies attardées, les capitaux s'y précipitèrent. Mais aujourd'hui les choses sont rentrées dans leur lit, et un abus pareil ne pourrait plus avoir lieu faute d'objet, faute d'un fond qui le supportât ; car la spéculation ne crée pas le terrain, il faut qu'un concours de circonstances se réunissent et les lui présentent, ce qui n'a plus lieu.

L'invention des chemins de fer est, dans la sphère des intérêts matériels et moraux, ce que sont ces grandes conceptions morales sur l'ensemble des choses et des hommes, et qui entraînent une *ère* dans la vie des États et de l'humanité. On ne reverra plus choses pareilles d'ici des siècles. Le marché donc des effets et des valeurs pouvait et devait être laissé à sa vie naturelle, son ancienne vie, qu'il avait reprise lors de la mesure contre laquelle on écrit ici.

Les opérations de pur jeu, dans la vie civile, n'entraînent point le lien de droit. Le législateur l'a ainsi décidé et il a bien fait. Mais il y a un grand nombre d'opérations à la Bourse qui, sans avoir précisément en vue des levées ou des livraisons de titres qui ne sont pas de jeu, et toutes celles au comptant, sont de vrais contrats. Or, qu'est-ce qui empêche ceux qui traitent de 1,500 francs de rente ou de vingt-cinq actions fin du mois, et qui ont presque tous un capital supérieur à 1,000 et 2,000 fr. (nous ne parlons pas des personnes riches, des capitalistes, des hommes d'affaires et des banquiers, qui ont tous de forts capitaux), de traiter de 100 fr. de rente au comptant ou de quelques actions effectives, et de les remuer tous les jours, et plusieurs fois même par jour, si les variations des cours leur sont avantageuses? Rien ne les en empêche, et c'est ce que faisaient une foule d'individus avant les *tourniquets*, et cela soutenait fortement les cours du comptant sur toutes les bonnes valeurs, et le comptant tenu et ferme, tenait les cours sur la rente et autres pour les plus grandes opérations. La restriction modérée du lien de droit, mais sa reconnaissance, de plus en plus, que tend à établir la jurisprudence des tribunaux dans les affaires de la spéculation, est un bien, parce que cela modère le spéculateur et l'intermédiaire, qui peuvent n'avoir, dans des cas, que la parole du client. Il n'en faut pas davantage pour modérer la spéculation et la maintenir dans les limites de la vie des choses, de la vie des valeurs. Faire plus contre, ou par un sentiment hostile contre les classes d'intéressés et leurs intermédiares, c'est nuire à l'intérêt général qui est lié à elle, et montrer un sentiment injuste contre des fractions de la population, qui ne font, dans leurs intérêts et leur industrie, que ce que font tous les particuliers dans la société, chacun dans sa direction.

Cette mesure a grandement contribué au marasme social que nous subissons depuis deux ans ; car la mort, et, par la pente inévitable, la baisse sans arrêt des valeurs, amène la tristesse chez les porteurs, qui, en nombres innombrables et les plus riches et les plus éclairés de la société, ont grande action sur l'opinion.

Par la mesure prise à la grille, les droits de timbre sur engagements d'agents de change ont été grandement diminués au préjudice du Trésor, et le seront de plus en plus avec le temps.

La vie à la Bourse conduisant à une multitude de correspondances par la voie des lettres et par la voie télégraphique, et de mouvements d'argent par les receveurs du Trésor et les banquiers dans les provinces, les recettes à la poste et au Trésor en sont et seront grandement diminuées.

Cette même vie de la Bourse entraînant des voyages, de nombreux déplacements de particuliers et de familles de la province à Paris et ailleurs, dans le pays, l'octroi de la capitale s'en ressent et s'en ressentira sur une échelle qui est peut-être difficile à mesurer, parce que cela se trouve confondu dans l'exercice général à la barrière, mais qui peut n'en être pas moins grande. Les compagnies de chemins de fer, de leur côté, en éprouvent une perte dans leurs recettes, qui peut être forte par le marasme et l'esprit de tristesse, peut être entièrement suscitée, ou tout au moins augmentée par là.

Les comptes courants à la Banque, qui sont souvent de 100, 150 et 200 millions et plus, de cet argent une partie est souvent là pour attendre des occasions d'entrer dans les effets et les valeurs, occasions que la vie à la Bourse donne ; et puis, dans une nation, il ne faut pas que le capital soit tout immobilisé dans des affaires de trop longue durée, des besoins inopinés pouvant surgir. La plus grande partie de cette masse d'argent peut s'en aller dans des valeurs à l'étranger. Les intérêts et l'avantage nécessaires à la Banque dans son service journalier avec le Trésor, elle en souffre. Et de vingt autres articles et ramifications de même dans le mouvement économique des intérêts sociaux, sur lesquels on ne peut pas s'étendre ici, et que l'esprit même ne peut pas prévoir, parce qu'ils lui échappent.

Le paiement à l'entrée de la Bourse, surtout d'*un franc*, est destiné, si on persiste à le maintenir, à empêcher quiconque d'entrer dans cet édifice en tant que marché des valeurs. On travaille en ce moment-ci à les remonter, ces valeurs ; mais les cours un peu hauts tiendront difficilement et seront toujours plus ou moins artificiels, tant que le marché n'aura pas son ancienne large base, ses anciens courants de fréquentation par le public des porteurs et des capitalistes, et même des curieux.

Il semble, quand on a arrêté et porté ce droit, que l'on n'a pas bien réfléchi à la nature de l'homme, de l'homme dans son libre arbitre d'aller et de venir et dans ses choses nécessaires.

Dans la nature de l'homme, il y a les choses nécessaires, organiques et presque végétales, comme la respiration, la digestion, la faim, la satiété, le sommeil et la veille, etc., sur lesquels il n'est pas libre ; mais il y a ensuite les choses contingentes, les choses qui résultent de sa volonté, laquelle volonté est réglée par ses intérêts, car il est un être intelligent.

Aller et venir, cela c'est si on le peut, par exemple, à la Bourse ; car si pour y entrer on fait payer, surtout une somme trop forte, on n'ira pas. On n'ira pas dans son libre arbitre naturel comme il le faudrait à nos intérêts, et surtout par un autre côté, le côté moral, par lequel, si on nous blesse, si on exige de nous de certaines choses, si on veut nous *découvrir* et nous montrer dans des actes ou des procédés sur lesquels nous ne voulons pas que, par des faits à nous étrangers, on appelle l'attention, on nous observe, on nous compte, du moins que nous puissions le croire. Il y a une foule de choses que l'homme fait tous les jours, qui sont dans sa nature, mais sur lesquelles il serait pourtant fâché d'appeler l'attention ou de la faire appeler. Celle de se faire enregistrer sur des écritures pour avoir une carte d'abonnement ou d'être trop côtoyé, en sont une pour une foule d'esprits délicats et distingués et des gens riches; et c'est précisément ceux-là qu'il est le plus important de voir venir au marché des valeurs, et qu'ils s'y entremettent, ayant de l'argent pour les porter et du caractère et de la suite dans les idées pour les tenir.

Un franc à payer tous les jours pour entrer dans la Bourse. Que disons-nous, tous les jours? Pour y mettre le pied! Sans pouvoir en ressortir pour y rentrer un moment après, une ou plusieurs fois pendant les deux heures du marché, si on a besoin ou fantaisie de le faire, sans être obligé de fouiller de nouveau à sa poche pour cela!

Cette contribution et son mode d'exécution sont donc on ne peut plus mal entendus et vexatoires des intérêts et des manières d'être chez les hommes; car ils supposent ce qui n'est pas, le transport à la Bourse de l'intéressé ou du curieux ou de l'ami en compagnie, ou même de l'oisif, pour tout le temps de la durée du marché, sans bouger de place, sans aucunes autres occupations à remplir, de courses, commissions, ou de promenades à faire, si le marché ou l'état de vos opérations vous le permettent; ce qui est le plus souvent le cas, puisqu'au moyen d'ordres donnés, l'intermédiaire agent est là ; que pour une foule de caractères qui s'impatientent, s'ennuient ou s'impressionnent, c'est même là leur manière d'agir que de faire des opérations, venir un instant ou quelques minutes savoir les cours et voir l'allure du marché, de s'en aller ensuite dehors vaquer à d'autres affaires ou promener, pour revenir plus tard une ou plusieurs fois, choses qu'ils sont empêchés de faire par les vingt sous chaque fois à la barrière.

On paie à la porte pour entrer au spectacle, mais on n'y va pas souvent, et puis au spectacle on s'instruit et on s'amuse ; il y a des scènes, des acteurs, des costumes, de la musique; par les dialogues, la poésie, les jeux d'esprit, par les faits peints on apprend l'histoire, on voit de beau monde, des gens bien élevés et aux bonnes manières, on s'y instruit soi-même et on apprend à en avoir aussi, ce qui sert dans les relations et les affaires après. L'argent, à la porte du spectacle, est donc gagné; et encore, comme on vient de le dire, on n'y va pas tous les jours, et puis, en y allant, c'est purement volontaire de notre part; en n'y allant pas, nos intérêts n'en souffrent point. Il n'en est pas de même à la Bourse, où nos intérêts directs ou des intérêts plus ou moins éloignés, mais intérêts pour nous, ont été portés de plus ou moins vieux temps, mais tous avant la mesure qui contribue depuis, comme on l'a dit, et qui contribuera bien davantage à faire tomber ou retomber les valeurs, et, par là, à diminuer le capital de la richesse sociale.

Les concerts ***Musard***, qui étaient du même prix, on n'y allait que très-occasionnellement; et sans qu'ils étaient le rendez-vous de femmes cherchant aventure et fortune, un grand luxe d'éclairage, de la musique, des danses, ils mouraient incessamment; et encore si on ne les ranimait par de nouveaux tambourinements d'affiches et d'annonces, par des jeux de lumières à la porte et dans la rue, ils étaient toujours tout prêts de mourir.

Et pourtant, pour y entrer, on ne payait que un franc! Et vous croyez que pour aller dans un marché froid d'effets publics et de valeurs, qui sont, en général, possédés et maniés par l'homme fait, le gérant de famille et le vieillard, et qui ne peuvent être portés et maniés que par eux, qui ont tous passé par la légèreté et les passions de la jeunesse, dont ils sont revenus, qu'ils vont s'en aller se faire enregistrer par nom, domicile et profession, *ou frottailler du flanc contre une manivelle* qui leur demande un franc pour les laisser passer? un franc à l'avance de toute opération par eux faite, et sans égard même s'ils ont l'idée, pour ce jour-là, d'en faire? ou sans égard aux résultats de marchés antérieurs qui peuvent leur avoir été négatifs ou onéreux? Et puis, pour les suivre, ces marchés, pendant les jours, semaines et mois de leurs éventualités, d'aller tous les jours fouiller à leur poche au *compteur* et de lui jeter *un franc!* Ces hommes n'en font et n'en feront rien; et d'observateurs et poursuivants tout naturels d'avantages qu'ils étaient au moyen de leurs propres valeurs, ou d'un capital ou même d'une capacité pour opérer, ils réuniront et renfermeront ces valeurs dans leur caisse ou leur secrétaire, et ils les laisseront dormir là, se bornant désormais à en attendre et aller toucher les semestres de revenu, quand ils échéront, mais en s'ennuyant par cette conduite de vie, et en jetant le marasme et l'apathie dans la société, puisque, par leurs fortunes, ils en sont les commanditaires nécessaires.

Plus de mouvement, dès lors, dans les valeurs, plus de stimulant pour l'esprit d'intérêt et d'entreprise, plus de transactions au comptant ni à terme, même pour les affaires lointaines et étrangères à la Bourse; plus d'attrait pour le jeune homme aux 1,000 ou quelques 1,000 francs mignons pour ses plaisirs, à l'esprit délié, intelligent et souple, et qui allait à la Bourse un moment, souvent en compagnie d'amis, avec la chance de les augmenter pour se donner de plus grands plaisirs, se procurer des objets délicats et beaux d'art ou toutes autres choses profitant au travail, faire un voyage d'agrément en compagnie d'amis ou d'une épouse aimée. Rien de tout cela ne peut plus avoir lieu faute d'aliment, faute de vie, faute de gaieté dans les milieux ambiants, faute de poésie, et le marché et la société tombent ou restent morts et tout avec eux.

Mais les côtés fâcheux d'une pareille chose, c'est que ce sont les richesses qui *s'enfoncent* et restent de plus en plus immobiles et matérialisées dans les mains de la vieillesse méticuleuse et écrasante quand elle domine seule, usurière et sordide souvent, et la société tout entière, qui manque de ressort et de vie, de mouvement, et que tout se matérialise et s'abêtit! C'est la société sur ces vieilles conceptions générales abstraites et vides, usées, maniées par des vieillards routiniers qui suivent la lettre, l'esprit vivant étant perdu pour eux, et qui abâtardissent l'espèce humaine.

Alors, dans ces époques, il y avait aussi du calme et du silence, mais c'était le calme de la mort.

Il faut bien faire attention aux temps que nous traversons, aux destinées qui sont là dans la main de l'humanité européenne, à ne pas faire, à ne pas aider au moins à faire décliner la nation, par rapport à plusieurs grands peuples que l'on voit qui se fortifient par la population et par les énergies, et qui vont surgir avec supériorité si on n'y prend garde, choses sur lesquelles l'Empereur, avec la supériorité de son esprit, ne peut pas se méprendre, surtout sur l'immense rôle que joue le marché des richesses mobilières sur la société tout entière, s'il est bien renseigné par ceux dont c'est le devoir de le faire. Le marché doit être établi de manière à pouvoir être hanté par tous les caractères : des haussiers, des baissiers, et même par les curieux.

S'il y avait un emprunt public demain, que ferait le gouvernement, soit qu'il se servît de la voie d'une souscription publique, soit qu'il eût recours à l'intermédiaire du banquier, en présence d'un marché sans vie, sans multiplicité ni complexité dans les sentiments et les vues des assistants, sans force? Il gratifirait les souscripteurs de 2, 3 francs en leur concédant plus bas, aux dépens des contribuables?

Mais la moindre action en baisse sur les cours les précipiterait plus loin sans qu'ils pussent se relever. Les versements successifs des souscripteurs ne se feraient plus, ne pourraient plus se faire.

C'est un leurre, un mirage idéalogique que tous ces raisonnements : empêcher l'agiotage! tuer l'agiotage! une illusion peut-être de vertu chez quelques esprits sentimentaux, mais une grande erreur en tous temps et dans les circonstances présentes, par rapport à plusieurs qui verraient de plus haut, peut-être contre l'ordre établi! On a pu voir depuis, par les effets déjà produits, qu'une certaine classe de personnes riches, peu liées au gouvernement, mais qui restaient dans le mouvement des intérêts, ont saisi la *balle au bond* de cette mesure et n'approchent plus de la Bourse, excepté (et encore cela pour quelques-uns seulement) le dernier jour du mois et le premier, pour faire des reports, ce qui pèse sur le capital des valeurs. La mesure nouvelle sur la Bourse est l'extinction de toute animation extérieure, et une cause constante d'affaissement du capital général, jusque sur les affaires lointaines qu'elle amène et amènera de plus en plus.

C'est par là que nous terminons ce chapitre. On va à présent faire connaître les modifications à apporter à la mesure prise et le mode d'exécution.

1° Abolition du droit d'*un franc*, et sa transformation en une rétribution de 20 centimes par entrée, et le maintien de ce petit droit seulement peut empêcher les parasites d'entrer et d'obstruer le marché, sauf à le supprimer aussi, si on reconnaît qu'il est encore nuisible par les moyens de gêne et de contrôle à l'entrée et aux sorties qu'il entraîne, ce qui pourrait bien être.

2° Cartes d'abonnements par an, par semestre, par trimestre et par mois, en partant pour cela du 1er du mois, moyennant une rétribution de 30 fr. par an.

3° Remboursement à tous les abonnés actuels, par la Ville, de tout le surplus, en proportion du temps de l'année écoulé.

4° Un *compteur* conservé par carre de l'édifice, et suppression de l'autre, transformé en une entrée contrôlée pour l'abonné, afin que l'abonné, comme tout entrant et sortant, puisse entrer promptement par les voies les plus droites, en face des grands péristyles de l'édifice de la Bourse, comme autrefois.

5° Faculté pour le non-abonné de passer au *compteur* en y déposant ses 20 centimes, ou de prendre à un bureau ouvert à la Bourse une ou des *cartes-fiches*, petites, mais suffisamment consistantes pour se tenir et se manier, lisses et propres, pour qu'elles se puissent serrer dans le portefeuille, la poche ou le gousset, sans user le vêtement. De ces fiches d'entrée à 20 centimes, on en pourrait prendre à volonté et par provision, ce que l'on voudrait, comme on le fait des timbres-poste, à la poste, et le porteur de ces petites cartes pourrait entrer par au moins deux endroits en face des péristyles, où il y aurait une boîte ou un panier où il jetterait sa fiche en passant, sans que l'homme de garde ou de contrôle, qui devrait être autant que possible un homme du peuple ou un simple instrument vivant pour la vue d'un acte, la lui prît de la main.

6° Enfin, le non-abonné ou l'abonné entre et sort librement à la grille par les issues, sauf qu'il doit jeter ou déposer au panier, en entrant ou en rentrant, une fiche ou passer au *compteur*. Mais fiches qu'il peut jeter ou déposer pour ses amis étant avec lui, comme on le fait en écot de ses chaises sur les boulevards.

Tel est ce qu'il y a à dire contre la mesure de faire payer 1 franc à la grille de la Bourse pour entrer dans le marché des effets et des valeurs, et 50 centimes dans celui des marchandises.

L'intérêt est tellement la règle et la mesure des actions des hommes, que s'il n'y avait pas, à l'*Institut*, des *jetons* de présence pour encourager les membres, souvent pourtant riches, à suivre ses séances et ses rapports, il en manquerait beaucoup. Il en est de même dans les conseils d'administration des chemins de fer, etc. Or, par la raison contraire, un *jeton onéreux* pour entrer dans la Bourse empêche d'y aller. Pour les frais d'entretien et de garde de l'édifice, que la Ville fasse payer un droit de location aux agents de change et une petite taxe sur les ventes effectives. Elle n'a pas d'autre droit.

II.

Le conseil municipal vient d'entrer dans sa

session d'août, et il s'occupe de la fixation de son budget pour 1858 (1).

Dans les notes qu'il livre à la publicité, figure celui du paiement à la grille de la Bourse, pour le droit d'entrée.

Ce droit, d'après le journal qui le donne, aurait rapporté au 30 juin, pour le premier semestre, 681,000 francs, dont 326,000 provenant des abonnements et 355,000 pour les entrées journalières. Mais on observe que M. le préfet et le conseil municipal sentent bien que le premier semestre est le meilleur, parce qu'il a quatre bons mois, tandis que le second n'en a que deux, et qu'il ne faut guère s'attendre à plus de 130,000 fr. de recette pour le second semestre au profit de la Ville.

Ce serait le cas, aujourd'hui, de raisonner de ce droit d'entrée et de le discuter en lui-même, et puis de sa fixation. Ce droit, innovation si nouvelle et si hardie sur le marché des valeurs !

Le travail qui précède et que l'on vient de lire est déjà ancien de date, puisqu'il remonte en février ; mais il est neuf, rempli de raisons

(1) Le 30 juillet 1857.

et plein d'opportunité. Jusqu'ici, dans la presse, on a annoncé le fait du paiement à la grille pour pouvoir entrer à la Bourse ; mais on ne l'a pas discuté, on n'a pas examiné son importance ou non importance, et pesé son droit d'établissement, son bien fondé, comme on dirait au palais.

Il semble qu'il est temps de le faire, aujourd'hui que le conseil municipal discute et fixe son budget de recettes pour l'an prochain, en le maintenant, qu'il paraît, dans ses modes de perception et dans son intégrité.

Nous avions fait, au nom de la compagnie des agents de change et de notre propre autorité, pour M. le ministre des finances, le travail que l'on vient de lire ; il y a eu à changer, mais nous en avons conservé la substance.

Mais si la compagnie des agents de change ne se défend pas, ou qu'elle se défende par des raisons qui ne soient pas concluantes, ce que nous ne savons pas, ce n'est pas un motif pour laisser la question sans examen, sans solution, car le public des rentiers, des porteurs de valeurs et tout le monde, qui ont ou peuvent avoir à traiter de ces affaires, ont besoin de pouvoir entrer, aller et venir, de passer au marché, même pour des affaires qui ne seraient pas des affaires de Bourse; car la vue du marché des valeurs donne des lumières pour les choses de tous les intérêts.

Le droit d'*un franc* à payer à la grille est destiné à ruiner le marché, en ruinant et détruisant tous les courants publics de sa fréquentation, et, en ruinant les courants, à y déprécier et faire déprécier de plus en plus les valeurs. Déjà, à l'heure présente, il y a deux milliards en moins dans le capital des valeurs de première ligne (1).

Que le paiement à l'entrée ne soit pas cause de toute cette dépréciation, que les rentes provenant des emprunts pour la guerre de Crimée et non classées, y soient pour quelque chose, on peut l'admettre, mais la grille y est pour une bonne part.

Veut-on détruire la spéculation? il faut s'entendre. Si on veut la détruire sur les valeurs de Bourse, il y a un moyen, un seul : c'est de détruire, de trouver un moyen de supprimer les valeurs au porteur et nominatives qui s'y négocient. Mais comment? Il y a

(1) C'était là une appréciation alors, mais qui a bien augmenté depuis. Rien de tout ce que nous disons là n'a eu de publicité. Tout est inédit.

pour plus de vingt milliards de valeurs de première ligne, et pour des milliards d'autres encore fort bonnes. Comment les abolir autrement que par un remboursement? Mais, pour les rembourser, il faut un capital. L'État, jusqu'ici en remboursant la rente, menace de la convertir et la convertit en effet. Or, pour cela, il prend dans la main gauche et met dans la main droite, et, en le faisant, il faut que sa valeur soit au-dessus du *pair*, car, au-dessous, une menace de remboursement ne conduirait qu'à le faire prendre au mot par le rentier et tous les rentiers. Pour les rembourser, il faudrait qu'il créât d'autres valeurs à la place à mettre dans les mains du public. Ce public serait donc un autre rentier auquel il faudrait un marché de négociations, et où il se ferait où pourrait se faire de la spéculation. Empêcher, entraver ce public dans les voies d'accession à ce marché, après lui avoir vendu ou délivré des valeurs, ce serait une injustice.

Vous me vendez ou me délivrez des rentes avec un marché pour les manier et négocier, et puis, le lendemain, vous venez me dire que, pour me rendre à ce marché, où est ma fortune et des fortunes de particuliers qui sont dans la circulation sur leur volonté, et dont je puis vouloir acheter moi-même, je vais subir par vous un droit d'accession, un droit d'entrée? Mais je dois vous répondre que lorsque vous m'avez livré vos valeurs ou donné la faculté de m'en fournir d'autres par des achats, vous n'aviez pas établi ces droits payants, ces entraves; vous ne pouvez pas, après, venir changer les conditions du contrat, en quelque sorte changer la nature de la propriété, la rendre morte ou peu engageante, lorsqu'elle l'était beaucoup, ou dans des mesures que vous avez altérées; car ce n'est pas là ce qui a été prévu à l'origine.

Parce qu'ayant concédé des rentes à inscrire ou inscrites sur le grand-livre, exemptes de tout impôt et insaisissables, l'État n'a, dans aucun cas, depuis, senti la possibilité de soumettre ces rentes à des droits ou redevances d'impôts, quel que fût son besoin d'argent, parce que c'eût été changer à lui seul les conditions du contrat; il n'a pas le droit de le faire ou de le laisser faire à la Ville indirectement, à la Ville qui, par des conditions malentendues ou parce qu'elle n'aurait pas de revenus suffisants pour suffire à ses dépenses, viendrait imposer un droit d'entrée à la Bourse sur le public et sur les titulaires de rentes et valeurs que l'État a émises et fait délivrer par des compagnies financières, de chemins de fer et autres, des actions et obligations, rendre au public et à tous la fréquentation du marché impossible ou onéreuse.

Mais ce public a le droit de demander pourquoi on laisse faire cela par la Ville, qui peut bien avoir des droits de propriété municipale sur les surfaces de son propre terrain ; mais non sur les surfaces de terrains consacrés à des services publics de souveraineté (en effet, les rentiers et porteurs de valeurs et ceux qui peuvent désirer le devenir, habitent tout le territoire du pays et non Paris seulement) qui ne sont point communaux, qui peuvent bien, comme la Bourse et ses accessoires, par la loi de juin 1829, lui avoir été livrés, c'est-à-dire à sa surveillance de police locale et d'entretien ; mais avec les conditions expresses ou sous-entendues, que ces choses appartenaient au public des rentiers, des porteurs de valeurs, des banquiers, des négociants et de tout le monde. Et que, dans ces termes-là, la délivrance à la Ville par la loi, l'a été sous la condition de respecter et de laisser vivre le marché dans ses éléments, et non en venant l'altérer par des arrêts payants sur les entrées qui y conduisent.

Ces droits empêchant une très-grande partie du public de hanter la Bourse, cela fait tort à ceux qui y ont des valeurs à vendre ou qui peuvent à tout moment y en avoir, puisqu'ils ont des titres. Ces droits et les obstacles molestants qu'ils apportent, rendant le marché moins fréquenté, moins vivant, et les offres et demandes moins pleines, les valeurs s'y déprécient; ce qui fait tort à ceux qui y ont à vendre aujourd'hui, mais aussi à la même valeur qui y sera à vendre demain ou après-demain ou dans un mois. Car, enfin, la place, de bonne et excellente qu'elle était, comme bien achalandée et en bonne renommée du public, est allée et va toujours en déclinant, et que ce qui s'y vendait rondement et à de bons prix, ne s'y vend plus que difficilement et à des taux bien plus bas. Cela fait, par contre, hausser le taux de l'intérêt de l'argent, et la hausse de l'intérêt de l'argent altère le crédit et nuit au travail général.

Voilà ce qu'il y a à dire.

Or, cela est contraire à l'équité et ne peut pas être maintenu, ce semble.

La Ville a des droits de garde et de conservation par la loi qui lui a remis la Bourse; et, en conséquence de cela, elle peut imposer quelques rétributions de location aux agents qui y exploitent des charges; mais elle ne peut mettre des droits sur le public qui y va et vient ou qui peut avoir besoin de le faire pour y acheter ou vendre de ce qui s'y négocie, — ou bien que ce soit *si léger*, que cela ne puisse arrêter personne dans ses libres dispositions.

Le droit à l'entrée d'*un franc* ou bien de 150 fr. par an par abonnement, qui fait 50 c. par jour de tous les jours ouvrables de l'année, et cela à payer en bloc, est une somme énorme, qui ferait vivre un homme hors de la ville, à la campagne.

Il y a marché et des valeurs à s'y traiter. La raison et la règle demandent qu'il soit agi, concernant cet objet, conformément à sa nature.

Or, le marché a des éléments qui constituent son être : ces éléments doivent être respectés dans leur ensemble et dans leurs parties : il y a marché, on y vend et on y achète. Le vendeur ou détenteur de choses a besoin d'y vendre; celui qui veut s'y en procurer, doit pouvoir le faire de la manière la plus directe, la plus simple et la moins onéreuse ; les curieux, les oisifs aussi, à qui une pensée d'en traiter peut venir pendant qu'ils sont là, doivent pouvoir entrer sans frais, car c'est ainsi qu'il en est agi pour tous les autres marchés.

Le droit d'*un franc* altère ou détruit ces facultés pour les uns et pour les autres. La chose doit donc être modifiée de manière que ce qui en resterait ne puisse pas faire le moindre obstacle, influer en rien sur la conduite du public qui a à le fréquenter. Et c'est tout le monde (1). Les uns aujourd'hui, les autres demain; et puis, il y a l'intérêt d'y passer, qu'a chacun pour s'éclairer sur ce qu'il doit penser dans ses affaires : la Bourse reflète la pensée du jour sur tous les intérêts.

C'est pour cela qu'on avait fait le travail du chapitre en tête modifiant et simplifiant ce qui a été fait, et qui peut, peut-être, être admis comme chose d'essai. Mais il se pourrait, comme on l'a dit, que tout droit d'entrée, quelque minime qu'il soit, avec contrôle, soit encore suffisant pour gêner et altérer le marché, empêcher encore beaucoup de monde

(1) Les gens du monde de la province, qui venaient à Paris, ne manquaient jamais de venir à la Bourse, et ils y achetaient ou vendaient souvent en voyage faisant; aujourd'hui, dans vos vacances en province, vous rencontrez une foule de personnes de connaissance qui vous disent : J'ai été à Paris à telle et telle époque; j'aurais été à la Bourse; mais, ma foi! il faut vingt sous pour y entrer, je m'en suis abstenu.

important d'y venir voir, opérer, acheter ou vendre, soit par des opérations à terme et de longue haleine, soit par des opérations plus courtes, les unes étant aussi légitimes que les autres, ce qui n'est pas clair dans l'opinion, parce que la pensée publique est troublée et fourvoyée depuis longtemps, sans aucun bien pour la morale, sur les opérations de Bourse et sur les valeurs, par une foule d'écrits émanés d'esprits bien intentionnés pour la plupart, mais qui n'avaient pas suffisamment réfléchi sur la nature des affaires *intellectuelles*, quant à leur existence, avec marché *journalier* institué pour les négocier; opérations qui, soit qu'elles soient au comptant ou à terme, soit qu'elles se terminent par des livraisons ou des levées de titres ou bien par des différences, sont toutes également légitimes de l'agent au client et réciproquement. Sauf l'appréciation du juge dans les cas d'exagération ou de refus de reconnaissance de la part de l'un des opérateurs : du juge, venant avec sa raison de souveraineté peser et juger une raison individuelle entachée, peut-être, de passion ou de vice, et cassant ou restreignant le lien des opérations, selon les cas.

Quiconque opère à la Bourse et a agent ou crédit pour cela, a, par là même, ou est censé avoir *un capital de roulement*. Or, ce capital pour lui, qui n'est quelquefois que son habileté, est sa fortune. Car l'habileté dans les affaires est un capital au profit de celui qui la possède. Acheter et revendre ou vendre et racheter, à la Bourse, au comptant ou à terme, est aussi légitime que celui qui achète à la halle des *Innocents*, qui est aussi une Bourse, des œufs ou du fromage, des marrons ou d'autres denrées, pour les revendre sur le coup ou plus tard, sans remuer même de place ces denrées, par l'effet de la prestesse du temps, de l'éphémèreté même, si l'on peut employer le mot, entre la naissance et la réalisation de l'opération. Qu'est-ce qui peut empêcher un homme ou des hommes majeurs, s'étant fait une profession de la chose, de se vendre ou revendre et de se racheter, même dix fois dans le cours d'une semaine, des pains de fromage ou des mottes de beurre déterminés, qui ont passé par le carreau de la halle ou payé l'octroi à l'entrée ? Personne, et chacun de ces marchés successifs est tout aussi légitime que le premier ; que, seulement, il faut, s'il survient contestation, que ces marchés puissent être assez bien caractérisés et déterminés par des circonstances de temps et de lieu, pour que le juge puisse les saisir dans son appréciation et porter son jugement.

Il en est de même des affaires sur les effets et les valeurs. En général, il y a bien plus d'opérations de Bourse légitimes que la pensée publique n'en admet, fourvoyée qu'elle a été comme on le disait.

S'il y a à dire, c'est contre la création des *grands livres* et l'émission en grand de valeurs intellectuelles avec établissement de marché journalier pour les négocier. Mais peu de personnes, on le croit, méconnaîtront que ces institutions, depuis trois cents ans, ont immensément favorisé et stimulé le travail et les créations de toutes sortes, et que ces choses sont peut-être les seules causes de l'élévation des peuples européens sur toutes les autres sociétés de la terre.

Seulement, la chose à voir dans les établissements de négociations de valeurs, c'est le danger plus grand là que sur tous les autres marchés, *des nouvelles et rapports*, et leur plus facile action sur l'imagination, ce qui trouble quelquefois chez quelques-uns le jugement. Mais ces choses devraient être, par la loi, déclarées susceptibles d'un arbitrage d'appréciation par des personnes à ce connaisseuses.

III.

Nous ne voulons pas terminer sans observer que voilà les règles et les principes que l'on doit se faire sur la Bourse, marché ouvert à la faculté et au profit de chacun pour le maniement de ses intérêts *personnels* dans la mesure de leur étendue.

Mais que si, par des appels et des groupements de capitaux appartenant à divers, appartenant à des foules dans bien des cas, au moyen d'émissions d'actions et autres, des personnes se trouvent concentrer en elles pour les manier, des millions : dix millions, vingt millions, quarante millions, cent millions sur le marché; si ces personnes ne sont pas des caractères d'hommes d'État, c'est-à-dire douées d'esprit, d'expérience et de sagesse, elles peuvent être un *fléau* pour la société et pour l'État.

Car pouvant remuer des masses, si elles achètent par moments comme par *accaparement*, ou vendent ou font vendre en jetant *comme grêle* sur le marché, elles produisent des différences très-grandes et certaines, illégitimes pour elles-mêmes, si elles agissent sincèrement au profit de leur affaire sociale; mais déloyales et honteuses, *répréhensibles même*, si c'est dans leur intérêt privé. Car elles exercent dans les deux cas une coalition pour faire hausser ou baisser illégitimement, et mentionnée dans la loi pénale, et qu'à la Bourse, qui est un marché d'argent, ce n'est pas la *coalition de plusieurs* dans la vue de produire des mouvements faux, qu'entend l'esprit de la loi, mais la coalition de capitaux. Ce qui est le cas au moyen de grandes concentrations d'argent par émissions d'actions, quand c'est pour employer à de tels usages; or, assurément, les petits et moyens porteurs d'argent ne viennent pas, et ne peuvent pas d'ailleurs être entendus venir apporter le leur à une personne pour que, concentrant ensuite toutes leurs forces dans ses mains, elle vienne opérer *fallacieusement* sur le marché à leur profit, et ils ont encore eu bien moins dans la pensée de le lui apporter pour qu'à son moyen elle opère à coup sûr pour son propre compte et se gorge de richesses! Aussi, et sans que la conscience de la foule puisse bien analyser ces ma-

5.

nœuvres, voit-on que ces mouvements factices, suscités sur les valeurs et les denrées, sont excitants de passions dans l'opinion et troublants de la société, et nuisibles à l'existence et aux courants des affaires légitimes dans toutes les directions.

Ensuite, pour les aides et intermédiaires que ces personnes ont à faire mouvoir pour leurs affaires, que se trouvant être par ces capitaux divers dans leurs mains, comme l'homme public qui doit son action d'une manière impartiale à tous, si elles n'en font pas autant sur le marché au milieu du personnel d'agents et de courtiers, qu'elles favorisent un ou quelques-uns de ces derniers, des coteries d'affidés, elles font faire alors à ces affidés et intermédiaires des masses d'affaires certaines et des courtages qui les enrichissent en un moment. Ces richesses, chez elles et chez leur entourage, ne sont plus que des choses démoralisantes, comme on vient de voir.

En deuxième lieu, et nous ne voulons ici dans ce travail exciter aucun sentiment irritant, mais être vrai, que par l'établissement, exorbitant surtout, du droit d'entrée et des *tourniquets*, et par la *hantise*, le maniement et l'avantage des affaires à la Bourse devaient s'en aller et doivent finir par tomber entièrement et absolument dans la main d'hommes, dans la société, qui ont pour tendance de se livrer exclusivement au trafic des valeurs en dehors de toutes autres occupations et professions, et de maintenir ces valeurs et leurs titres dans un écoulement perpétuel et sans arrêt, ne visant sur elles qu'à produire des différences journalières, brusques et contradictoires, et se désintéressant de tout sentiment politique et normalité dans les cours des effets publics et des valeurs privées.

Et effectivement, on peut voir depuis l'établissement du tourniquet, et de plus en plus, que le marché, le courtage et tous les avantages du maniement des affaires sont tombés et tombent de plus en plus dans la main exclusive de cette portion de la société, qui arrive par là à faire ce qu'elle veut du marché de la Bourse, marché qui embrasse aujourd'hui presque toute la fortune mobilière du pays, fortune qui dépasse deux fois la valeur du sol!

Or, cela peut-il être admis?

Ici la question change et se complique. Ce n'est plus seulement le *tourniquet* qui ne peut pas rester, parce qu'il détruit tout ce qui constitue un marché qui est l'avantage par rapport au but : de l'emplacement, de la commodité, de la convenabilité, de la forme et disposition, de la *publicité* et des moyens d'accession et de station du public pour les libres manifestations de la pensée sur les offres et les demandes, et qui sont tous grandement ou détruits ou altérés par l'aménagement présent ; mais que les tourniquets payants ne peuvent pas rester, parce qu'ils mettraient absolument la Bourse sous l'action et dans la main d'hommes, dans la société, qui sont exclusivement livrés au jeu, sans considération des résultats.

L'établissement des chemins de fer, qui a supprimé, sur toute la surface du pays, le travail et le gagne-pain de plus de trois millions d'individus qui étaient occupés des industries du roulage, des voitures et coches de transport de toute espèce, par terre et par eau, de personnes et de marchandises, et toutes les grandes industries par mécaniques et forces artificielles, qui ont déplacé et souvent supprimé un grand nombre de bras, et ces choses, qui sont presque toutes représentées aujourd'hui par des titres qui se négocient à la Bourse, tout cela ne peut avoir été fait et accompli pour mettre le marché des négociations *dans la main, et faire un pont d'or à un petit élément dans la population de ce grand pays*, quand il y a tant de gens laborieux et honnêtes qui gagnaient leur vie dans le maniement zélé et loyal des affaires, et auxquels les barrières gardées ont enlevé la clientèle distinguée et délicate, clientèle autant souvent d'étrangers que de nationaux (1), et qui, s'ils ont encore des affaires à la Bourse, qu'ils con-

(1) Pour moraliser la Bourse, la Ville y établit une grille payante, destructive de transactions fructueuses pour le Trésor et écrasante du capital mobilier ; elle fait fuir du marché des valeurs, qui est le seul ressort des affaires, dans la situation moderne, tous les étrangers riches et tous les hommes de fortune et de distinction dans le pays, et puis elle permet ou souffre l'ouverture à longues nuits, sur les boulevarts, dans les zones de cette même Bourse, d'établissements de consommation où on sert à ces étrangers et nationaux, et à leurs compagnies féminines, des vins à 25 fr. la bouteille, et tout à l'avenant ; en sorte que des hommes qui avaient l'habitude d'acheter des effets et des valeurs, d'en faire lever pour eux et de spéculer, et d'exercer leur intelligence, en sont réduits, s'ils ne veulent pas tomber dans le marasme et s'exposer à périr de maladie, à se plonger dans une vie de mangeaille et de sensualité, pour dépenser leur temps.

Mais la question est de savoir s'il est plus avantageux pour l'État et la société, qu'une douzaine de cafetiers puissent vendre, tous les deux ou trois ans, leur maison 4, 6 et 800,000 francs, après en avoir ramassé autant par un exercice fait plus de nuit que de jour, et se retirent ainsi deux fois millionnaires, que six mille, dix mille personnes dans les affaires et les transactions aient du pain, puissent nourrir leurs familles ; que de grandes compagnies d'agents, chargés de charges lourdes, puissent faire des affaires pour couvrir les intérêts des grands capitaux qu'ils ont engagés, et faire vivre les nombreuses familles d'employés qui sont

naissent de plus vieux temps, c'est pour y être presque mis dans l'impossibilité de les exécuter, par la turbulence et l'indiscipline, qui ne demandent pas mieux, elles, que de payer au tourniquet, ayant des raisons pour cela.

D'ailleurs, toutes les grandes maisons d'affaires donnent des ordres chez elles et viennent peu stationner, et ces maisons sont des maisons d'ordre et de hiérarchie, des maisons de tenue et conservatrices, et aussi de progrès, des établissements de finances qui ne font jamais d'affaires, qui n'en créent qu'avec la pensée que l'opération ou la chose doit profiter aux deux parties : à celui qui procure l'argent et au travailleur qui le prend, et que la Bourse, quoique marché de valeurs intellectuelles pouvant se remuer sur la pensée, qui n'en font pour ce, que ce qui est fait sur tous les autres marchés de denrées ou d'objets ; c'est-à-dire d'y aller ou d'y faire vendre ou acheter, quand ils le trouvent avantageux par les prix et par les autres considérations qui

groupés autour de chacun d'eux par des intérêts divers ; que de nombreux et honorables courtiers puissent continuer leur profession et soutenir le crédit public, comme ils l'ont toujours fait. Voilà ce qu'il y a à voir ! et il semble que la réponse du gouvernement ne peut pas être douteuse !

conduisent tout homme haut placé dans le maniement de ses intérêts; mais non pour y organiser des opérations de surprises et de déceptions, pour mettre le marché et les esprits en convulsion, et jeter le désordre dans les valeurs et dans le crédit.

Et le marché de la Bourse est envisagé ainsi par ces nombreuses maisons, qui sentent que, dans l'état présent et désormais de la société, tout capitaliste est ou doit être un homme d'État.

Les grandes maisons et les grands porteurs de valeurs peuvent facilement, quand ils opèrent même au moyen d'une simple portion des capitaux dont ils ont la disposition, causer de grands mouvements à la Bourse; s'ils agissaient donc dans toute la mesure de leur puissance, sans attention aux résultats, ils amèneraient bientôt des difficultés sociales dont ils auraient à souffrir tous les premiers.

Mais que quant à ce qu'on appelle, et c'est par là que nous terminerons cet écrit, la *reconnaissance et la validation des marchés à terme*, il n'y a rien à faire, et il faut laisser la Bourse dans l'état où elle est.

En effet, il y a dans les choses susceptibles d'échange trois classes : la propriété foncière, la terre et les maisons, les choses mobilières mortes et vivantes, comme un buffet, un cheval, enfin les choses intellectuelles, comme les actions et obligations dans les compagnies commerciales.

Pour la première classe, la chose étant réelle et matérielle, et en plus éternelle et toujours dans le même lieu, pour en faire le transport, il faut un acte écrit, et le plus souvent reçu par un notaire, pour que plus tard, quand les contractants présents seront morts, leurs héritiers ou ayants droit ne puissent pas méconnaître ou être méconnus du contrat.

Pour la deuxième, le plus souvent, le marché est simplement verbal, et consommé par la tradition de l'objet.

Pour la troisième, actions ou obligations dans les compagnies commerciales, les choses ayant été constituées pour la circulation et l'écoulement, elles requièrent encore bien moins une convention écrite que les objets mobiliers. Et si, pour ces sortes d'intérêts, la loi n'avait pas établi des agents intermédiaires auxquels les personnes majeures et libres de leurs droits pourraient se dispenser d'avoir recours, par la nature circulante et au porteur de leurs valeurs, quoiqu'il soit bien plus prudent de leur part de le faire, les négociations et les échanges de ces choses se feraient comme de tous les petits objets dans la vie journalière, et le passage de la pièce d'argent d'une main dans l'autre.

Si donc, pour ces sortes de choses, on allait s'aviser de donner *force de contrat* au *coup de crayon* de l'agent intermédiaire, on dénaturerait l'office de cet agent public, qui a bien été établi pour constater, et certifier l'identité de ceux qui traitent par son ministère, mais non de même de la réalité, de la vérité et authenticité de l'ordre allégué : *du coup de crayon enfin*. Effectivement, cette réalité et vérité avec la *non forme parée* pour l'exécution, dans l'état de la législation, oblige l'agent de change de demander au juge, par une assignation à sa partie, partie qui, par cet appel, peut venir expliquer, reconnaître son ordre ou non ordre, et le juge, sur les faits, prononcer.

Le contrat du notaire est authentique et a la forme parée; mais qui ne voit les formes qui président à ces sortes de contrats? Fixation des jour et heure à l'étude de l'officier public ou bien transport spontané des parties chez lui, délibération le plus souvent de leur part sur le prix et les clauses et conditions sous ses yeux, accord sur le tout, et puis, pour ainsi dire, dictée à lui du contrat, témoins attestateurs.

L'objet mobilier, tombant sous les sens et matériel, est en la possession de quelqu'un; cette possession montre et affirme son droit à l'avoir, sauf les cas de larcin, de vol ou de violence, et qui doivent être prouvés par le réclamant.

Ici, dans les *valeurs*, rien de tout cela n'a lieu. C'est une chose intellectuelle, fugitive avec la volonté. Un coup de crayon sur le carnet public et officiel de l'agent de change, est sans doute une grande présomption que l'ordre d'échange a été donné; mais comme cela se pose sur un marché rempli de foule, au milieu du tumulte, sur un théâtre où les changements de volonté ont lieu comme les individus changent de place; que presque toujours ce n'est pas l'agent lui-même qui a parlé à la partie et reçu son ordre, mais un commis, souvent jeune et susceptible d'entraînements irréfléchis, ou intéressé par quelque côté dans l'ordre, ou bien d'autres intermédiaires non commis, mais liés par des côtés d'argent à l'exploitation de l'office de l'agent, ou à ce que l'affaire soit faite, des chances d'erreurs accompagnent donc, comme on le voit, ces sortes de contrats, et ces chances tiennent à la nature des choses.

Les marchés à terme ne peuvent pas être

reconnus et validés dans le sens qu'on le demande, *parce que ce serait trop ;* ils ne peuvent pas non plus être déclarés nuls, *parce que ce serait trop :* il faut donc que les valeurs de Bourse et la Bourse soient laissées aller dans leur vie naturelle, comme elles y ont été à toutes les époques normales et paisibles d'ordre et de gouvernement ; et la jurisprudence aussi, laissée aller dans son esprit de perfectionnement, qui est visible aujourd'hui. Car, au milieu de quelques décisions, fruit peut-être de la prévention ou de débats de palais passionnés, le grand nombre marche dans le sens de la sagesse et arrivera à former une bonne jurisprudence , qui est toujours la meilleure loi.

D'ailleurs, la validation des marchés à terme dans le sens qu'on l'entend, loin d'améliorer le marché et la forme des négociations, y jetterait le trouble et tuerait les transactions et la vie du marché, et arriverait de baisse en baisse des valeurs et du capital du mobilier (qui est le régulateur de celui foncier), à ruiner le capital social tout entier et à abîmer le pays.

Comme nous finissions ici, il paraissait deux écrits sur la Bourse. Nous devons en dire deux mots, parce que cela importe à l'objet de ce travail.

L'un est un ouvrage volumineux et de bibliothèque, contenant les lois, les décrets, les ordonnances et règlements en vigueur sur la Bourse, le tout relié et discuté, et en plus la jurisprudence sur les contestations dans les affaires de Bourse, jusqu'aujourd'hui. Mais le point que nous avons en vue dans le cours de cette brochure, le droit d'entrée à la Bourse, ne nous paraît pas y être apprécié dans ses effets funestes et condamné comme il convient. Les raisons de l'auteur sont faibles et passent d'ailleurs à côté de la question. Nous allons y revenir.

L'autre écrit est une polémique soulevée déjà de vieux temps, et sur laquelle on revient : elle consiste à dire que le seul et légitime mode de l'émission des valeurs dans les affaires, est la souscription publique contre les émissions à prime, par une maison de banque ou un ensemble de maisons liées d'intérêts, qui distribuent les actions nouvelles à leurs clientèles respectives.

L'idée d'une souscription publique pour créer et émettre des affaires nouvelles sur le marché des effets, est une pensée commune et simple. Le gouvernement en a fait récemment un grand et heureux usage.

Mais le gouvernement n'a pas toujours recours à ce mode; il se sert aussi, et encore plus souvent, du mode que l'on appelle des émissions à primes, au moyen de l'intermédiaire du banquier.

Dans les circonstances où le gouvernement a eu recours à des souscriptions publiques, il ne pouvait guère faire autrement, par la grosseur des emprunts qu'il avait à faire à la fois, et par la gravité des circonstances d'une guerre à soutenir dans des contrées lontaines et pauvres, où il n'y avait rien à prendre pour le soldat.

La conduite du gouvernément dans le choix du mode était exigée par une saine politique. Les circonstances et les chiffres des emprunts auraient été autres, que le gouvernement n'aurait pas employé le mode d'une souscription publique.

Un gouvernement n'est pas un particulier, n'est pas une maison de banque. Une maison de banque peut désirer de créer et émettre des affaires, mais rien ne l'y oblige absolument : il n'en est pas de même d'un gouvernement. Le gouvernement est chargé de gouverner la société, mais il est aussi chargé de faire son salut dans les circonstances graves, s'il s'en présentait.

Ériger en système, en inspiration de génie dans la banque, contre des maisons qui n'en font pas et n'en veulent pas faire autant, un pareil mode d'émission, est une niaiserie. Cette idée est une idée vulgaire.

Une maison d'affaires qui serait très-ambitieuse ou très-avide, qui n'aurait pas de clientèle ou qui n'en aurait qu'une mal posée, et qui voudrait créer des affaires tous les jours, serait et devrait être dans ses allures effectivement portée à se servir du mode d'une souscription publique, parce qu'elle n'aurait pas le choix d'un autre mode et que cela l'engagerait peu.

Que, dans ce mode, on vienne dire que la maison créatrice et ses correspondantes dans l'autre manière, vendent les actions de la nouvelle affaire à prime, c'est une allégation de mauvaise humeur.

Une maison de banque, dont le mode usuel, et qui est le véritable, avec ses correspondantes, ne prennent pas une affaire si elles ne la croient pas bonne ; et, chez elles, le jugement d'appréciation et la prudence sont connus par leurs précédents et un temps souvent déjà ancien : le public le sait, les clientèles respectives de ces maisons le savent encore mieux, puisqu'elles ont toujours eu à se louer d'avoir souscrit aux valeurs présentées par ces maisons. Cette maison et ses co-intéressées donnent donc une *prime* à la valeur, et cette valeur vaut la prime grandement. La chose est là connue pour le montrer, et puis la solidité et le bon jugement ancien de la maison.

De ce que des souscripteurs et même les maisons vendent de leurs actions immédiatement, les vendeurs ne vendent pas tout ce qu'ils ont, et puis tous les nouveaux porteurs ne le font pas, et puis de ce qu'il y a immédiatement sur le marché offre de la nouvelle valeur, ce n'est pas un mal, c'est au contraire un bien ; car, outre les clientèles qui ont eu seules de la valeur nouvelle, il y a bien d'autres porteurs d'argent qui voudraient en avoir. Ils vont au marché et s'y en procurent par ce moyen.

Et puis que des affaires conçues, mûries et émises ainsi, s'en vont dès le premier jour dans des canaux ouverts ou qui s'ouvrent naturellement, sans réclames ni tapage de presse, pour les recevoir, et s'y trouvent classées et casées sans trouble du marché, ni altération du capital mobilier ni des positions.

Cette manière d'opérer est la manière voulue par la nature des choses. Elle est conforme aux hiérarchies établies, et les hiérarchies et positions faites sans violence et d'ancienneté, sont fondées sur la morale.

Dans le système des émissions par souscriptions publiques, au contraire, outre que cela peut permettre la production de choses illégitimes et nuisibles, les éventuels souscripteurs ou l'esprit de multitude est incapable de juger de la bonté des choses présentées avec réclames, et, la bonté même étant, de l'opportunité et ubiquité des choses.

Qu'ensuite une pareille foule n'étant pas une clientèle liée par des rapports moraux aussi bien que matériels avec la maison qui émet l'affaire, cette maison ne la voit pas dans son salon, n'a pas de relations intimes de société avec cette multitude ; que dès lors elle n'est pas dans la position d'un lien et d'une responsabilité suffisante avec cette foule. Que des affaires ainsi émises peuvent venir jeter le trouble dans le marché, altérer le capital et perturber le crédit.

Mais que bien d'autres inconvénients peuvent être la suite d'un pareil mode d'agir! Ce serait de permettre l'accumulation, la concentration de capitaux dans des mains qui pourraient en faire un mauvais usage sur le marché, en ce que, n'ayant devant soi que des clientèles de rencontre dont on se soucierait peu, la responsabilité morale de la maison créatrice vis-à-vis d'elles n'existerait pas, comme on vient de le dire, ou n'existerait pas dans une mesure suffisante, et que cette maison se servît de ces capitaux comme d'un levier *formidable* dans sa main, contre le reste du public vendeur ou acheteur sur le marché et délié de sentiments d'ensemble (tout naturellement et comme il est légitime que cela soit), pour remuer et manier le marché à son profit personnel et au profit de coteries d'étayeurs ou d'affidés de fréquentation.

C'est là le côté très-mauvais surtout de la chose!

Ensuite, le tort *immense* que feraient ces créations vulgaires, souvent répétées et anarchiques, *à tout un personnel* d'agents chargés de charges lourdes, et de courtiers anciens, loyaux et honorables sur le marché! En effet, des faiseurs bénévols et hardis viendraient supprimer ou annuler au préjudice de ce personnel, les clientèles composées d'une multitude de moyens et petits capitalistes opérateurs sur le marché, et opérateurs qui, par leur nombre et la divergence de leurs sentiments sur l'état du capital et du crédit dans tout moment donné des affaires, et la force que leur masse forme, *empêchent précisément* que le marché ne *glisse* dans la main de faiseurs de *hautes luttes* qui sont là toujours aux aguets pour s'en emparer et faire des *coups* à leur profit et au profit de leurs affidés.

Cette foule de petits capitalistes opérant sur le marché, est facile à tromper par des réclames répétées : se dessaisissant de son argent, elle s'annule, sans l'avoir voulu, par les déceptions qui suivent bientôt ses souscriptions irréfléchies; elle croirait volontiers, si on le lui insinuait par la presse, qu'une maison, qu'un faiseur habile qui se présenterait, se mettrait à spéculer pour elle et lui gagnerait de forts dividendes qu'elle toucherait ensuite. — Mais ces promesses et chances sont chimériques. Cela pourrait lui être fait un moment pour l'*amadouer* davantage, mais bientôt après, non. Et puis que d'ailleurs ces moyens sont illicites comme coalitions de capitaux et manœuvres.

Ces souscriptions par la voie publique, par cela même qu'elles peuvent se faire sans égard aux hiérarchies et classements naturels établis dans les affaires, viennent donc violer ces positions d'ordre et sont des instruments de perturbation.

Dans l'esprit révolutionnaire, il y a les idéologues ; dans les intérêts matériels, il y aurait ces révolutionnaires-là.

Pour le point, dans le livre dont nous avons parlé il y a un moment, le droit d'entrée à la grille et les *tourniquets*, M. Jeannotte-Bozérian, l'auteur, prend le change. Voulant établir la légalité du paiement d'une taxe au profit de la Ville, comme plusieurs lois et décrets l'ont fait depuis soixante ans pour la création et l'entretien des Bourses de commerce, il dit que la mesure du *tourniquet* est parfaitement légale. Mais la question de cette manière est mal posée. Car ce n'est pas le fait d'une taxe à toucher par la Ville pour s'indemniser des frais d'entretien et de garde de l'édifice de la Bourse que l'on conteste, c'est le montant et l'assiette que la Ville fait de son droit à une taxe, auprès des choses et des personnes à qui elle devrait s'adresser pour cela ; c'est son mode de perception qui est insolite, et enfin le montant de la taxe établie, qui sont mal.

Cet ouvrage donc, de M. Bozérian, laisse le

point du tourniquet et la transformation en marché à *huis-clos* qu'il fait du marché de la Bourse, dans le *statu quo*, et les raisons contre, dans le présent écrit, restent dans toute leur force.

FIN.

IMPRIMERIE DE L. TINTERLIN ET Ce,
rue Neuve-des-Bons-Enfants, 3.

Paris, imp. de L. Tinterlin, rue Neuve-des-Bons-Enfants, [illegible]

www.ingramcontent.com/pod-product-compliance
Ingram Content Group UK Ltd.
Pitfield, Milton Keynes, MK11 3LW, UK
UKHW020341250726
13967UKWH00005B/2059

9 782013 036900